# CON GRIN SUS CONOCIMIENTOS VALEN MAS

- Publicamos su trabajo académico, tesis y tesina

- Su propio eBook y libro - en todos los comercios importantes del mundo

- Cada venta le sale rentable

Ahora suba en www.GRIN.com y publique gratis

**Bibliographic information published by the German National Library:**

The German National Library lists this publication in the National Bibliography; detailed bibliographic data are available on the Internet at http://dnb.dnb.de .

This book is copyright material and must not be copied, reproduced, transferred, distributed, leased, licensed or publicly performed or used in any way except as specifically permitted in writing by the publishers, as allowed under the terms and conditions under which it was purchased or as strictly permitted by applicable copyright law. Any unauthorized distribution or use of this text may be a direct infringement of the author s and publisher s rights and those responsible may be liable in law accordingly.

**Imprint:**

Copyright © 2017 GRIN Verlag
Print and binding: Books on Demand GmbH, Norderstedt Germany
ISBN: 9783668614215

**This book at GRIN:**

https://www.grin.com/document/386611

Luis Alfredo Elvira Mejia, José Ángel Mota Vera

# La importancia de la energía eléctrica y su función en la sociedad

GRIN Verlag

**GRIN - Your knowledge has value**

Since its foundation in 1998, GRIN has specialized in publishing academic texts by students, college teachers and other academics as e-book and printed book. The website www.grin.com is an ideal platform for presenting term papers, final papers, scientific essays, dissertations and specialist books.

**Visit us on the internet:**

http://www.grin.com/

http://www.facebook.com/grincom

http://www.twitter.com/grin_com

# Instituto Tecnológico Superior De Tierra Blanca

Carrera:
Ingeniería Mecatronica

Materia:
Fundamentos de la Investigación

Trabajo:
La importancia de la Energía Eléctrica y su función en la sociedad

Integrantes del equipo:
C. Luis Alfredo Elvira Mejía
C. José Ángel Mota Vera

Semestre:
Primer semestre

Fecha de entrega:
28 de Noviembre de 2017

## Resumen

El siguiente trabajo se realizó con la intención de reflexionar en torno a la energía eléctrica y su importancia en la sociedad.

La energía eléctrica es muy indispensable para el ser humano ya que esta energía logra satisfacer muchas necesidades en la vida cotidiana.

Como ya bien se sabe que todo requiere de energía, hay que reflexionar la situación y darse cuenta de la importancia de la energía eléctrica

Al inicio se les proporcionará el concepto de energía y la energía eléctrica científicamente. Al igual que también su clasificación, en qué formas la podemos encontrar, su funcionalidad (como se obtiene y donde la utilizan), recomendaciones y por último se les dará a conocer, el porqué es tan necesaria e importante la energía eléctrica en la sociedad.

## Abstract

The following work was carried out with the intention of reflecting on electric power and its importance in society.

Electricity is very essential for the human being since this energy manages to satisfy many needs in daily life.

As it is well known that everything requires energy, we must reflect on the situation and realize the importance of electric power.

At the beginning they will be provided with the concept of energy and electrical energy scientifically. As well as its classification, in what ways we can find it, its functionality (how it is obtained and where it is used), recommendations and finally will be made known, why electric energy is so necessary and important in society.

# La importancia de la energía eléctrica y su función en la sociedad

Se puede observar que todo requiere de la energía como cuando un organismo para crecer y reproducirse precisa energía, el movimiento de cualquier animal necesita de la energía. Todo lo relacionado con la vida individual o social está presente la energía, como lo dice el siguiente autor:

> "Debido a diversas propiedades se podría decir que la energía se encuentra presente en todos los cuerpos se puede entender a la energía como un recurso natural no muy bien definido como intermedio y esto es debido a que posibilita la satisfacción de ciertas necesidades cuando se produce un bien o se oferta un servicio". (Sánchez, S/F, p. 3).

En poco más de 100 años se ha ido evolucionando la energía en los alrededores, hoy en día gracias al gran apoyo de la industrialización pueden contar con ciertas facilidades en todos los aspectos como lo menciona el siguiente autor:

> "El calor es energía, la luz es energía, un rayo de tormenta es energía, las corrientes eléctricas son energía, los cuerpos que se mueven tienen energía, el conjunto de dos astros en movimiento, como la Tierra y la Luna tienen energía (y aunque no se movieran también tendrían energía, la llamada energía gravitatoria potencial, por atracción mutua), los combustibles tienen energía, y hasta en la materia viva puede percibirse cierto monto de distintas formas de energía, aunque muy débiles". (Di Pelino, 2009, p. 7).

La energía se presenta en distintas formas que el hombre ha ido descubriendo y entendiendo la naturaleza se observan los objetos y los fenómenos que en ellos o entre ellos ocurren, repitiendo cuantas veces es posible en los laboratorios, y sobre todo razonando, como lo dice el siguiente autor:

> "Las fuentes de energía pueden clasificar en: Renovables yNo Renovables. Las energías renovables son aquellas que llegan en forma continua a la Tierra y que a escalas de tiempo real parecen ser inagotables, fuentes de energía renovables: energía hidráulica, energía solar, energía eólica,energía de biomasa y energía mareomotriz. Fuentes de energía no renovables: carbón,petróleo,gas natural y energía nuclear." (Jiménez, Cantú y Conde, 2006 p. 5).

Como se mencionó anteriormente las fuentes de energía se clasifican en renovables y no renovables, las renovables son las que suelen ser inagotables y las no renovables son las que abstraen de la corteza terrestre.

La mayoría de los aparatos que utilizan energía eléctrica, como por ejemplo: todo tipo de dispositivos electrónicos en nuestra vida cotidiana, desde la llegada a casa cuando encienden la luz, la energía eléctrica se ha convertido en un factor fundamental en el mundo moderno. Los electrodomésticos, carros, grandes empresas y muchos otros partícipes de la sociedad consumen energía eléctrica.

Chiquillo (S/F) menciona que la energía eléctrica se produce mediante la luz, se transforma en calor a través de estufas eléctricas, hornos eléctricos, la producción de frío por medio de la nevera que es el paso de calor al exterior o una habitación mediante el aire acondicionado igualmente pasa el calor al exterior.

El concepto de electricidad tiene diferentes significados y definiciones, sin embargo Di Pelino (2009) menciona que la electricidad es:

> "Ese elemento maravilloso que no se ve pero que hace funcionar casi todos los aparatos de nuestra casa y de las ciudades, y casi todos los demás, es asimismo energía. En la forma conceptualmente más pura se presenta como electricidad estática, es decir sin desplazamiento, como la que se observa por ejemplo en la pantalla de un televisor o de un monitor de una computadora y en general cuando se frotan dos cuerpos no conductores, como un peine contra el pelo, una escuadra contra un papel, en las nubes de tormenta, etc., que casi siempre se disipan en descargas con producción de luz y sonido." (p. 10)

La energía eléctrica sin duda la más utilizada en el mundo. La electricidad es el pilar del desarrollo industrial de todos los países, sin duda la electricidad juega un papel muy importante en la vida del ser humano, con la electricidad se establece una serie de comodidades que con el transcurso de los años se van haciendo indispensables para el hombre.

Es una de las principales formas de energía usadas en el mundo actual. Sin ella no existiría la iluminación conveniente, ni comunicaciones de radio y televisión, ni servicios telefónicos, y las personas tendrían que prescindir de aparatos eléctricos que ya llegaron a constituir parte integral del hogar.

La electricidad no es un invento del hombre sino una fuerza natural; esta fuerza o fenómeno físico se origina por cargas eléctricas estáticas o en movimiento.

Para producir electricidad se debe utilizar alguna forma de energía que ponga en movimiento a los electrones. Se pueden emplear seis formas de energía como lo dice el siguiente autor:

> "Fricción: se produce al frotar 2 materiales uno de los objetos gana electrones y el otro los pierde. El sistema completo no gana ni pierde electrones.
> Presión: se produce sometiendo a presión mecánica cristales llamados piezoeléctricos, el uso más habitual es el de los encendedores electrónicos.
> Calor: Se produce al calentar una unión de 2 metales disímiles.
> Luz: Se produce por la incidencia de luz en sustancias fotosensibles (sensibles a la luz).
> Acción Química: Se produce por una reacción química en las pilas primarias pueden emplearse casi todos los metales, ácidos y sales.
> Magnetismo: El magnetismo se produce en un conductor cuando éste se mueve a través de un campo magnético o un campo magnético se mueve a través del conductor, de tal manera que el conductor corte las líneas de campo magnético". (Ternium, S/F, p. 11-16).

La corriente eléctrica se puede decir que es el movimiento de cargas eléctricas que pasa a través de un conductor o por un punto dado de un circuito, durante un tiempo determinado. Para que se produzca una corriente eléctrica es necesario que exista una diferencia de potencial o tensión eléctrica entre dos puntos. Dicha diferencia se puede conseguir por distintos procedimientos unos de los más empleados son:

Por Inducción: Si se desplaza un conductor eléctrico en el interior de un campo Magnético, aparece una diferencia de potencial en los extremos del mismo. Los Generadores industriales de electricidad están basados en esta propiedad Electromagnética.

Por acción de la luz: Al incidir la luz sobre ciertos materiales aparece un flujo de Corriente de cierta importancia. Las células fotovoltaicas aprovechan esta energía.

Hay diferentes tipos de corrientes como lo dice el siguiente autor:

> "Corriente alterna (CA): es aquella que circula durante un tiempo, en un sentido y después en sentido opuesto, volviéndose a repetir el mismo proceso en forma constante. Su polaridad se invierte periódicamente, haciendo que la corriente fluya alternativamente en una dirección y luego en la otra. Corriente continua (CC): es aquella corriente en donde los electrones circulan en la misma cantidad y sentido, es decir, que fluye en una misma dirección. Su polaridad es invariable, esta corriente es generada por una pila o una batería". (Córdova, 2009, p. 11-12).

Al utilizar un transformador se está utilizando corriente alterna (CA) ya que este tipo de corriente es la que llega a diferentes hogares y sin ella no se podrían utilizar los artefactos eléctricos y no tendrían iluminación en los hogares, el siguiente autor dice cómo funciona un transformador:

> "El transformador simple consiste en dos bobinas muy cerca entre sí, pero aisladas eléctricamente una de otra. La bobina a la cual se le aplica CA se llama "primario". Esta genera un campo magnético que atraviesa el arrollamiento de otra bobina a la cual se llama "secundario" y produce en ella una tensión. Las bobinas no están conectadas una con otra. Sin embargo, existe entre ambas un acoplamiento magnético porque en el transformador se transfiere potencia eléctrica de una bobina a la otra mediante un campo magnético alternativo". (Ternium. S/F, p. 76).

La cantidad de energía que circula a través de un circuito eléctrico, determinan el calibre de los conductores a utilizarse, esto es de gran importancia ya que no se puede utilizar un cable delgado en un circuito por donde fluye una corriente muy elevada, porque el conductor se calentaría y produciría el derretimiento del aislante que lo protege y un probable riesgo de un incendio. Para prevenir este tipo de accidentes se deben tomar en cuenta los siguientes conceptos como lo menciona el siguiente autor:

> "Tensión o voltaje: es la presión eléctrica que impulsa a los electrones por un circuito. Su unidad básica es el voltio. Resistencia: es la medida de oposición que presenta al movimiento de los electrones en su seno. Depende de la longitud del conductor, de su sección y de la temperatura del mismo. Se representa con la letra R, su valor de éstas se mide en Ohmios". (Córdova, 2009, p. 12-13)

Utilizar artefactos eléctricos implica tomar ciertas precauciones para evitar cualquier tipo de accidente. La principal causa de los accidentes eléctricos es el mal estado de las instalaciones de los hogares y edificios, para ello los siguientes autores dicen las siguientes precauciones:

> "Siempre hemos de cortar la corriente completamente cuando vayamos a realizar trabajos tales como cambiar un enchufe, poner una lámpara nueva o cualquier manipulación con los cables. Nunca tocaremos los enchufes, cables o aparatos eléctricos con carcasa metálica con las manos mojadas o los pies descalzos, ya que conlleva riesgo de descarga o electrocución. Las herramientas para trabajar con electricidad deberían ser con aislante para 1.000 V, así en caso de cortocircuito evitan un daño mayor en nuestro cuerpo y bajo ningún concepto se ha de pelar los cables con los diente. No se puede colocar una regleta o ladrón en enchufes donde queramos conectar a la vez un termo eléctrico y una lavadora, o una lavadora y secadora. Esto puede provocar que se caliente demasiado el cableado y provocar un incendio. Cada electrodoméstico ha de ir en una toma de corriente independiente. Las regletas están genial cuando nos hace falta varios enchufes de poca potencia, como puede ser conectar a la vez el cargador del

móvil, cargador de la tableta, la impresora y la pantalla del ordenador, pero nunca debemos conectar aparatos de gran potencia todos a la vez". (Acosta y Merlín, S/F, p.6).

La mayoría de las personas no se ponen a pensar en lo que sucede cuando cortamos la energía eléctrica, al interrumpir la energía eléctrica implica el deterioro de la calidad de vida y la restricción de muchas de sus actividades, tal como lo dice el siguiente autor:

> "Una interrupción en la energía eléctrica en nuestra sociedad significa la paralización de sus actividades cotidianas. Representa pérdidas para las empresas por el atraso de la producción, trabajadores inactivos en horario de trabajo, o que se estropeen algunos insumos o productos en proceso. Incluso representa pérdidas para la misma empresa proveedora de electricidad, ya que una interrupción cualquiera sea la naturaleza de la misma, implica dejar de suministrar, es decir vender, energía a sus clientes y asumir otros costos en un sector bastante regulado". (Salas, 2013, p. 2).

Al igual que también en los hogares como refrigerar los alimentos, la iluminación en los hogares ya que sin la iluminación incrementa la inseguridad de la población.

Por otra parte se dice que los apagones o los cortes de energía son muy peligrosos para los aparatos eléctricos principalmente en las computadoras, televisiones, refrigeradores, el siguiente autor dice:

> "Sin embargo, de acuerdo a un estudio de los Laboratorios Bell, los "apagones" representan menos del 5% del total de perturbaciones de la línea comercial. (Ver Fig. 1 Perturbaciones en el suministro eléctrico). En realidad, el verdadero peligro para cualquier equipo electrónico son las perturbaciones que se generan cuando la línea comercial está presente, es decir, cuando el equipo está conectado y opera con la electricidad del suministro". (Prolyt, S/F, p. 1).

Los principales problemas que afectan negativamente a la energía eléctrica son:

> "1. Altibajos de tensión (sags, undervoltage/overvoltage) Características: Un incremento o decremento en la tensión. Duración: Desde milisegundos a unos cuantos segundos. 2. Apagones (cortes o interrupciones de energía, blackouts) Características: Pérdidas totales de energías planeadas o accidentales. Duración: Desde milisegundos a más de dos minutos. 3. Impulsos o transitorios (transients) Características: Un cambio repentino en la tensión de varios cientos o hasta miles de Volts. Duración: Microsegundos. 4. Distorsión Armónica (harmonicdistortion) Características: Una alteración de la onda senoidal pura (distorsión de la onda senoidal), debido a la presencia de cargas no lineales en el suministro de energía eléctrica. 5. Picos (spike o surge) Características: Aumentos repentinos por encima del 110% de la tensión nominal de más de 6000 Volts en algunos casos. Es un tipo de transitorio que ocurre de forma sostenida durante periodos de tiempo considerables. Duración: Desde varios segundos hasta varios días. 6. Variaciones de frecuencia (frequency variation) Características: Degradación de la onda senoidal de 60 Hz como resultado de la operación de los equipos de trabajo, de los equipos de distribución y de la instalación eléctrica. Duración: Segundos. 7. Ruido (line

noise) Características: Inesperada señal eléctrica de alta frecuencia que proviene de otro equipo. Duración: Esporádica. 8. Muesca (notch) Características: Una perturbación de polaridad opuesta a la forma de onda. Duración: Microsegundos". (Prolyt, S/F, p. 1-2).

Existen 5 tipos de distorsión de forma de onda, como lo dice el siguiente autor:

"Desplazamiento por CC: La CC puede trasponer el sistema de suministro de CA y agregar corriente indeseada a dispositivos que ya están funcionando a su nivel nominal. El sobrecalentamiento y la saturación de los transformadores pueden ser el resultado de la circulación de corrientes CC. Armónicas: La distorsión armónica es la corrupción de la onda senoidal fundamental a frecuencias que son múltiplos de la fundamental (por ejemplo, 180 Hz es la tercera armónica de una frecuencia fundamental de 60 Hz; 3 x 60 = 180). Interarmónica: El efecto más notable de la interarmónica es el parpadeo visual de monitores y luces incandescentes, además de causar un posible calentamiento e interferencia en las comunicaciones. Corte intermitente: El corte intermitente es una perturbación periódica de la tensión causada por dispositivos electrónicos, como controles de velocidad variable, atenuadores de luz y soldadores por arco durante funcionamiento normal. Ruido: El ruido puede ser generado por dispositivos electrónicos alimentados eléctricamente, circuitos de control, soldadores por arco, fuentes de alimentación para conexiones, transmisores radiales, etc". (Seymour y Horsley, 2005, p.16-19).

Es común que, en ocasiones sin razonarlo, conectemos varios aparatos en mismo enchufe, sin saber si éste se encuentra en condiciones de soportar la demanda de energía que le requerirán los aparatos; o que nos acostumbremos a que el cable del horno de microondas se caliente, pues de igual manera funciona. Es imposible para la forma de vida actual sobrevivir sin electricidad; pues, por obvio que resulte, la energía eléctrica está presente casi en todo, fábricas, oficinas, seguridad, entretenimiento, iluminación, etc., nos damos cuenta de ello sólo cuando carecemos del servicio, no reflexionamos sobre su importancia.

Se puede concluir que la energía es todo aquello que se necesite para realizar un movimiento, para crecerse necesita de energía. La energía se divide en 2 grandes grupos la Energía Renovables y las No Renovables, la renovable es la que llegan de forma continua a la tierra y que parecen ser inagotables, las no renovables son las que fabrica el hombre y estas sin son agotables. A la electricidad se le puede definir como ese elemento maravilloso que no se ve pero que hace funcionar casi todos los aparatos de nuestros hogares. Dicha energía logra satisfacer muchísimas necesidades.

La fuente de energía puede ser aprovechada para ser transformadas en distintas energías tal es el ejemplo de la transformación de luz o iluminación, tienen que cuidar la energía eléctrica principalmente ya que sin ella sería muy difícil vivir sin la iluminación de los hogares, para la refrigeración de los alimentos, etc. Deben de entender y ayudar a cuidar la energía eléctrica porque el día que ya no exista todo será muy diferente.

**Fuentes de consulta**

Sánchez, J., ¿Qué es energía?, Obtenido el 23 de agosto de 2017

http://www.monografias.com/trabajos94/ensayo-energia/ensayo-energia.shtml#ixzz4r9ij8W2A

Di Pelino, V., "La energía", Obtenido el 22 de agosto de 2017

http://www.iae.org.ar/la-energia.pdf

Jiménez, O., Cantú, V., Conde A., "Líneas de transmisión y distribución de energía eléctrica", Obtenido el 26 de agosto de 2017

http://gama.fime.uanl.mx/~omeza/pro/LTD/LTD.pdf

Chiquillo, Z., "Seamos conscientes de la utilización de la energía", Obtenido el 29 de agosto de 2017.

https://es.scribd.com/doc/133016865/Ensayo-Sobre-Como-Influye-La-Energia-en-La-Vida-Del-Hombre

Ternium, "Electricidad Básica", obtenido el 15 de septiembre de 2017,

http://www.sifeis.org/guiasgdl/guias/electricidad_basica_ii.pdf

Córdova, E., "Módulo de Electricidad Básica", obtenido el 10 de septiembre de 2017 http://www.trabajosocial.unlp.edu.ar/uploads/docs/electricidad_basica.pdf

Acosta, C., Merlín, L., ¿Qué precauciones hay que tomar con la electricidad?, obtenido el 5 de septiembre de 2017

https://comunidad.leroymerlin.es/t5/Bricopedia-Iluminaci%C3%B3n-y/Qu%C3%A9-precauciones-hay-que-tomar-con-la-electricidad/ta-p/62647

Salas, D., "Diagnóstico, análisis y propuesta de mejora al proceso de gestión de interrupciones imprevistas en el suministro eléctrico de baja tensión. Caso: empresa distribuidora de electricidad en lima", Obtenido el 10 de octubre de 2017

http://tesis.pucp.edu.pe/repositorio/bitstream/handle/123456789/4791/SALAS_CHAMOCHUMBI_DANIEL_DIAGNOSTICO_ELECTRICIDAD.pdf?sequence=1

Prolyt, "Problemas de energía eléctrica" obtenido el 12 de octubre de 2017

http://www.prolyt.com/archivosprolyt/bt_problenergia.pdf

Seymour, J., "Los siete tipos de problemas en el suministro eléctrico" obtenido el 3 de noviembre

https://eva.fing.edu.uy/pluginfile.php/90432/mod_resource/content/1/Siete_tipos_de_problemas_en_el_suministro_electrico.pdf

# CON GRIN SUS CONOCIMIENTOS VALEN MAS

- Publicamos su trabajo académico, tesis y tesina

- Su propio eBook y libro - en todos los comercios importantes del mundo

- Cada venta le sale rentable

Ahora suba en www.GRIN.com
y publique gratis